I0070359

DU
PHOSPHATE DE CHAUX

PAR

M. A. GAILLARD.

Ancien Élève, ancien Répétiteur de Chimie
et d'Économie Rurale à l'École Impériale d'Agriculture
de Grand-Jouan,
Professeur d'Agriculture du département de la Dordogne.

3ᵉ ÉDITION.

PÉRIGUEUX

IMPRIMERIE DUPONT ET Cᵉ, RUE TAILLEFER.

1869.

DU PHOSPHATE DE CHAUX

DU

PHOSPHATE DE CHAUX

PAR

M. A. GAILLARD,

*Ancien Élève, ancien Répétiteur de Chimie
et d'Économie Rurale à l'École Impériale d'Agriculture
de Grand-Jouan,
Professeur d'Agriculture du département de la Dordogne.*

3ᵉ ÉDITION.

BIBLIOTHÈQUE IMPÉRIALE

PÉRIGUEUX,

IMPRIMERIE DUPONT ET Cⁱᵉ, RUE TAILLEFER

1869

110

DU

PHOSPHATE

DE CHAUX.

Extrait de l'Annuaire des anciens élèves de Grand-Jouan.

Le phosphate de chaux est un sel indispensable aux plantes, et notamment à quelques-unes. Son étude a été faite depuis longtemps, et son action sur la végétation est un fait acquis.

Je crois cependant qu'en résumant les expériences qui en ont été faites dans les différents sols et en indiquant sa manière d'agir en présence de tel ou tel principe, et en faisant connaître son mode d'assimilation, je pourrai donner des renseignements utiles.

Pour nous, agriculteurs, nous n'avons à nous occuper que du phosphate tribasique, que les chimistes écrivent $PhO^5 3CaO$.

Le phosphate calcique se rencontre non-seulement dans les os des animaux, mais encore en amas considérables dans les profondeurs de la terre, où il affecte une ferme toute particulière, en s'offrant à nous sous l'aspect de rognons ou de nodules que l'on appelle pseudo-coprolithes.

L'emploi de ces phosphates et leur mode d'action variant suivant les circonstances ; il est indipensable de les étudier séparément. C'est pour cela que j'ai divisé mon sujet en deux parties, comprenant :

1° L'étude du phosphate de chaux des os ;

2° L'étude du phosphate de chaux fossile.

Du phosphate de chaux des os.

Ce phosphate est employé en agriculture sous deux formes bien distinctes ; soit à l'état d'os broyés, de sciure d'os, de rognures, de poudre d'os plus ou moins grossière, ou soit à l'état de noir animal.

Voyons d'abord la première forme, c'est-à-dire lorsqu'il est à l'état d'os broyé, de sciure d'os, de rognures, etc., et commençons par constater la composition des os.

Les os, quand ils sont frais, contiennent à peu près la moitié environ de leur poids de phosphate de chaux mélangé d'un peu de phosphate de magnésie. D'ailleurs, voici ce qu'ils renferment en moyenne :

Eau......................	8
Vaisseaux, albumine.....	1
Tissu fibreux..............	32
Graisse....................	9
Phosphate de chaux.....	38
— de magnésie.	2
Carbonate de chaux	8
Sels divers	2
Total..........	100

Suivant cette analyse, on voit que les os sont composés essentiellement d'une partie minérale et d'une partie organique. Dans leur tissu se trouvent de petites cavités remplies de matières grasses, et extérieurement ils sont recouverts d'une membrane mince appelée périoste, qui a la propriété de sécréter l'os. Les os longs sont creux et contiennent la moelle, qui est une substance grasse.

Quand les os sont débarrassés du périoste, de la moelle et de la graisse, ils ont la composition suivante :

	Hom.	Fem.	Porc.
Matière organique......................	33.5	33 3	46.6
Phosphate de chaux et fluorure de calcium..............................	53.0	53.4	49.0
Phosphate de magnésie..............	1.3	2.0	2.0
Carbonate de chaux...................	11.0	3.8	1.9
Soude et chlorure de calcium........	1.2	3 5	0.5
Total.........	100.0	100.0	100.0

Pour mettre en évidence la partie organique, il suffit de prendre un os et de le placer dans de l'acide chlorhydrique étendu d'eau. Au bout d'un certain temps, l'os abandonne sa matière minérale, et il reste une matière molle, transparente, élastique, insoluble dans l'eau et dans les acides, et qui durcit en se desséchant. Cette substance constitue l'osséine.

Si dans l'eau on fait bouillir cette osséine une fois lavée et encore humide, on obtient une masse qui, par le refroidissement, se prend en gelée et constitue la gélatine.

Les os peuvent être employés à l'état naturel, frais ou secs, dégraissés ou non, mais renfermant encore la matière organique azotée que nous avons désignée sous le nom d'osséine ; enfin, lorsqu'ils ont été débarrassés de leur matière grasse et qu'ils ont été séchés et calcinés.

L'emploi des os a été usité, dans les temps les plus reculés, par les cultivateurs d'oliviers et d'orangers de la rivière de Gênes ; mais cet emploi s'est beaucoup plus généralisé depuis que les Anglais ont pris le parti de les broyer et de les réduire en poudre à l'aide de machines puissantes.

Les os non dégraissés agissent avec une extrême lenteur, puisque M. Payen a constaté que des os n'avaient perdu, en quatre ans, que 8 centièmes de leur poids, tandis que lorsqu'ils sont débarrassés de leur matière grasse par l'eau bouillante, ils en cèdent 25 à 30 centièmes.

Quoique dégraissés, les os ne se décomposent que très lentement, même lorsqu'ils sont triturés, et cela pour plusieurs raisons ; d'abord, parce que leur tissu possède une grande cohésion et qu'ensuite il reste toujours un peu de matière grasse qui empêche qu'ils soient atteints facilement par les agents dissolvants qui se trouvent dans le sol. Malgré cela, il arrive que dans la terre, au bout d'un temps plus ou moins long, il s'opère des décompositions sous l'influence de fortes actions répétées. Alors l'acide phosphorique et l'azote de la matière organique de l'os deviennent assimilables.

D'après l'analyse que j'ai indiquée, les os secs et débarrassés de leur matière grasse, renferment environ 53 0/0 de phosphate de chaux et 31 0/0 d'osséine. Cette dernière contient, suivant Frémy, 17 0/0 d'azote. Si l'on reporte cette quantité à l'os sec et dégraissé, on trouve qu'il contient environ 5 0/0 d'azote. Nous voyons donc, d'après cela, que les os agissent, non-seulement par leur phosphate de chaux, mais encore par l'azote qu'ils contiennent.

L'usage des os devient de plus en plus rare, vu la difficulté de s'en procurer. Le prix en est très élevé, puisque ceux qui nous viennent même de l'Amérique du Sud sont vendus à Nantes au prix de 11 fr. les 100 kilog. Cependant, dans certains cas, on pourrait les obtenir à un prix réduit, et c'est alors que l'agriculteur ne devra pas dédaigner cet engrais précieux.

Comme les agents atmosphériques n'exercent qu'une action extrêmement lente sur les os, au lieu de les employer entiers, on les emploie habituellement dans un état de division plus ou moins parfait, afin de faciliter leur action fertilisante.

On a inventé un grand nombre de machines servant à les broyer ou à les concasser ; mais l'instrument le plus simple, le moins cher et donnant un bon travail, c'est le casse-os de M. Rohart. Son prix est de 55 francs. Dans une journée de dix heures, on peut concasser 300 kilog. d'os.

Pour que l'opération marche rapidement, on a soin de les calciner très légèrement dans un four. Il est vrai de dire qu'ils subissent une perte par l'effet de cette calcination, mais on ne doit pas en tenir compte, puisqu'elle n'est due qu'à de la vapeur d'eau qui disparaît.

Les os des différents animaux ont à peu près la même composition chimique ; toutefois, la proportion de carbonate de chaux paraît augmenter avec l'âge. Ainsi, l'os d'un jeune veau contient ordinairement 6 0/0 de carbonate de chaux, tandis qu'on en trouve 9 0/0 dans l'os d'une vache ou d'un bœuf. Dans le même os, il existe plus de matière organique dans la partie spongieuse que dans la partie dense.

Les os frais et dégraissés sont toujours préférables à ceux qui sont restés pendant longtemps aux intempéries de l'air. M. Bobierre nous apprend que ceux qui sont amenés à Nantes et qui proviennent des pampas de l'Amérique contiennent jusqu'à 15 0/0 de résidu insoluble dans les acides. Cela tient à ce que l'oxygène de l'air brûle la matière organique, qui se trouve alors remplacée par des substances minérales siliceuses.

On trouve encore dans le commerce de la poudre et des cendres d'os qui, dans certains cas, peuvent être avantageusement employées. La poudre d'os provient tout simplement des os dégraissés réduits en poudre plus ou moins fine, contenant environ 7,20 0/0 d'azote. Quant aux cendres d'os, elles s'obtiennent en calcinant les os à l'air libre ; la matière organique est détruite et l'on obtient un résidu blanc que l'on pulvérise. Enfin, dans certaines localités, on utilise les déchets provenant de la fabrication des objets de tabletterie.

Voici la composition de la poudre d'os :

Phosphate de chaux.............. 85.90
Carbonate de chaux..............   5.70
Phosphate de magnésie........   3.10
Sels alcalins.....................   5.30
                                  ————
             Total............ 100.00

Cent parties d'os donnent de 42 à 45 0/0 de cendres.

Quant aux sols sur lesquels on peut faire l'emploi des os, les opinions là-dessus ne sont pas toutes d'accord. Suivant Puvis, Masclet, David Low, etc., ils doivent être employés sur des terres légères, douces et perméables, tandis qu'ils ont reconnu qu'ils produisaient de très faibles effets sur les terrains argileux, compactes, calcaires.

D'autres auteurs, tels qu'Eboer, Reboy, Villeroy, soutiennent le contraire ; ils recommandent de les appliquer aux terres compactes, sur les sols argileux, humides, et ils observent que leurs effets sont nuls sur les terres légères.

Quoi qu'il en soit, les nombreuses expériences qui sont faites, chaque jour, dans le comté de Lincoln et d'York, établissent, d'une manière positive, que cet engrais n'est très efficace que sur les terres légères, perméables. Dans les terres calcaires, ils ne produisent aucun effet, tandis que dans celles de la Bretagne, où le carbonate de chaux fait défaut, on en obtient de magnifiques résultats. C'est surtout dans les défrichements que leur action se fait le plus remarquer. Quant à la quantité d'os à employer par hectare, elle varie de 400 à 500 kilogrammes.

Du phosphate de chaux à l'état de noir animal.

C'est à l'état de noir animal que l'on emploie surtout les os en quantité considérable.

Dès 1820, M. Ferdinand Favre, ancien maire de Nantes, avait signalé cet engrais comme devant exercer des effets remarquables sur la végétation ; mais ce ne fut que plusieurs années après que les agriculteurs du pays commencèrent à l'employer d'une manière générale. Avant cette époque, c'est-à-dire avant 1820, cette matière fertilisante, qui encombrait les raffineries, était jetée aux décharges publiques.

Pour fabriquer le noir animal, on prend des os dégraissés que l'on calcine dans des pots de fonte fermés. Ces os, une fois calcinés, contiennent un peu de carbone mélangé avec les différents sels calcaires, tandis que la matière organique azotée est complétement détruite. Ce noir animal, ainsi préparé, est rarement employé en agriculture, et ce n'est que lorsqu'il a passé dans les raffineries qu'il est livré au commerce. Ce charbon d'os, étant très poreux, possède de très grandes propriétés décolorantes. Aussi est-il employé par les raffineurs pour décolorer les sirops. Mais comme ces sirops sont clarifiés avec du sang de bœuf défibriné, il s'ensuit que le noir animal retient cette substance animale en même temps que la matière colorante.

Tous les noirs, quoique sortant des raffineries, n'ont pas tous les mêmes qualités. Les uns sont plus azotés, tandis que les autres sont plus phosphatés. Il est facile d'expliquer cette différence. Dans certaines usines on emploie beaucoup plus de sang que dans d'autres pour la clarification, de sorte que, là où la proportion de sang est plus grande, les noirs sont relativement plus azotés, car on en trouve quelquefois qui contiennent plus de 3 p. 100 d'azote.

Les noirs peuvent se diviser en deux catégories, les noirs fins et les noirs grenus.

Noirs fins.

Les noirs fins sont ceux qui ont servi à la clarification des sirops. Pour faire cette opération, on
prend une petite quantité de lait de chaux que l'on
mélange avec la dissolution de sucre brut, et on
ajoute ensuite du sang défibriné et du noir animal
en poudre. Sous l'influence de la chaleur, l'albumine
se coagule en emprisonnant le noir et donne lieu à
une masse qui, lavée et pressée, constitue le noir
fin.

D'après M. Bobierre, les noirs fins se trouvent
surtout à Nantes. Ils renferment de 2 1/2 à 3 p. 100
d'azote, 54 à 64 p. 100 de phosphate, plus 4 à 8
p. 100 de carbonate de chaux. Ils se présentent
sous la forme d'une poudre fine, homogène, for-
mant avec l'eau une pâte grasse au toucher.

Voici, d'après le même chimiste, l'analyse de
deux noirs fins, l'un de Nantes et l'autre de Bor-
deaux :

	Nantes.	Bordeaux.
Phosphate de chaux....................	63.60	66.20
Carbonate de chaux...	9.50	7.20
Silice................................	3.00	2.20
Alumine et oxyde de fer.......	0.70	0.80
Magnésie.............................	1.50	1.20
Sels solubles dans l'eau.............	1.60	1.50
Charbon et matières organiques...	20.10	20.90
Totaux...........	100.00	100.00

Ces noirs peuvent, tels quels, servir encore une
fois pour la clarification du sucre de qualité inférieure ; mais ils offrent alors, dans leur composition, des modifications très curieuses, qui expli-
quent pourquoi, dans des noirs très purs, la matière organique et le phosphate de chaux augmen-
tent ou diminuent.

MM. Moride et Bobierre ont soumis à l'analyse
des noirs fins neufs et les ont analysés de nouveau,

après avoir servi une ou deux fois à la clarification.
Voici ce qu'ils ont constaté :

	Charbon et matière organique.	Phosphate de chaux.	Azote pour 100.
Noir fin neuf	11.30	73.63	1.31
Après avoir servi une fois.	29.76	56.96	2.44
Après avoir servi deux fois.	42.30	46.65	3.38

D'après ces chiffres, on remarque que la quantité de phosphate de chaux diminue à mesure que le noir est employé un plus grand nombre de fois, tandis que la matière organique augmente considérablement.

Mais ces noirs, comme je l'ai dit déjà, ne peuvent être employés plus de deux fois, car ils perdent leur propriété décolorante, et, en outre, suivant la dose plus ou moins grande de sang, ils deviennent spongieux, élastiques, difficiles à laver et à presser, aussi ne les rencontre-t-on qu'accidentellement dans le commerce. Ce n'est qu'après avoir été soumis à la revivification un grand nombre de fois qu'ils sont livrés aux agriculteurs.

En général, ceux qui ont servi sont revivifiés avant d'être employés une seconde fois. La revivification, qui n'est autre chose qu'une calcination, a pour but de faire disparaître les matières organiques afin de redonner aux noirs leurs propriétés décolorantes. Par l'effet de la revivification, les matières organiques, et par suite l'azote, diminuent, tandis que le carbonate de chaux augmente. Quant au phosphate de chaux, il varie dans des limites très peu importantes.

Voici les résultats que MM. Moride et Bobierre ont obtenu en analysant des noirs revivifiés ayant servi une ou deux fois :

	Charbon et mat. organiq.	Phosp de chaux.	Carb. de chaux.	Azote pour 100
Noir grain neuf	11.16	81.96	2.46	1.05
— Après avoir servi une fois.	12.70	76.95	4.20	1.35
— Après avoir été revivifié....	10.30	75.75	7.30	0.94
— Après avoir servi deux fois.	12.80	77.40	5.40	1.42

Noirs grenus.

Les noirs grenus son employés simplement pour
la filtration. Ils nous viennent surtout de la Russie
et de New-York. Ils ont subi un grand nombre de
revivifications avant d'arriver en France. Ils contiennent 1 pour 100 d'azote, 65 à 81 pour 100 de
phosphate de chaux, et 8 à 11 pour 100 de carbonate de chaux. Voici leur composition :

	St-Pétersbourg.	Riga.
Phosphate de chaux..............	65.10	76.20
Carbonate de chaux.............	11.60	6.10
Silice	3.90	6.20
Alumine et oxyde de fer........	0.70	0.70
Magnésie.......................	0.90	0.70
Sels solubles dans l'eau........	1.70	0.50
Charbon et matière organique.	16.10	9.60
Totaux..............	100.00	100.00

Ces noirs sont recherchés à cause de la grande
quantité de phosphate de chaux qu'ils contiennent.

Emploi des différents noirs.

L'emploi des noirs fins et des noirs grenus diffère
suivant la nature de la terre qui les reçoit. Avons-
nous une terre fertile, et qui, bien cultivée depuis
longtemps, n'ait rien perdu de sa fertilité initiale, les
4 à 5 hectolitres de noir que l'on pourra lui confier
par hectare ne produiront que des effets peu appré-
ciables, car le sol contient déjà en quantité suffisante les principes nécessaires à la vie des plantes.
Mais si nous prenons une terre qui, n'ayant jamais
reçu d'abondantes fumures, n'ait jamais pu atteindre
le maximum de fertilité initiale, nous verrons alors
que les 4 ou 5 hectolitres de noir pur de raffinerie
produiront des effets remarquables, parce qu'ils ap-
porteront, non-seulement 240 à 300 kg. environ de
phosphate, mais encore 12 à 15 k. d'azote. Dans
les terres du fertilité moyenne, une grande partie

des phosphates devient assimilable, parce que, dans
un pareil sol, les éléments alcalins se trouvent en
moindre quantité que dans les terres depuis longtemps largement fumées ou chaulées. Les acides qui
dissolvent le phosphate ne peuvent pas alors être
saturés.

Si maintenant nous avons affaire à une terre
nouvellement défrichée, non calcaire, nous savons
que la matière organique n'y faisant pas défaut, un
noir animal azoté ne lui sera pas aussi nécessaire
qu'un noir animal relativement plus phosphaté. Il
faudra donc prendre un noir grenu, qui alors con-
viendra parfaitement, car, comme les terres défrichées sont généralement acides, le phosphate sera
faciment attaqué, et pourra, par cela même que la
terre aura été neutralisée, manifester alors son action fertilisante.

Le noir animal, peu importe sa nature, ne doit
jamais être donné aux terres récemment chaulées,
car la chaux, absorbant une grande partie des principes acides du sol, enlève au phosphate du noir
beaucoup de chance de devenir soluble et, partant,
assimilable.

Dans les terres nouvellement défrichées, il est
facile de se rendre compte du mode d'action du
noir approprié aux landes, puisque c'est à la faveur
des acides du sol que les phosphates sont dissous.
Mais, quant à la manière d'agir du noir animal azoté
qui convient aux terres cultivées, les causes de dissolution ne sont pas les mêmes. Ce noir, qui sort
des filtres de raffineries, bien qu'il ait été lavé, contient encore un peu de sucre. Alors il s'établit bien-
tôt une fermentation dont le résultat final amène la
présence des acides acétiques, lactiques, etc., qui
rendent soluble une partie du phosphate.

Indépendamment de l'effet des acides, les matières animales azotées du noir contribuent, de
leur côté, à rendre soluble le phosphate de chaux.
Il est facile de se rendre compte de cette solubilité.
Que l'on prenne du noir azoté sortant de la raffine-

rie et qu'on le laisse en tas pendant un certain temps, la masse fermente et s'échauffe rapidement.

Si maintenant on vient à prendre de ce noir et à le laver avec de l'eau bouillante, il est facile de se convaincre qu'il renferme des matières solubles en quantité notable. Enfin, par l'altération des matières animales, il se forme de l'ammoniaque, qui, en saturant les acides du noir, engendre des sels ammoniacaux et augmente ainsi les propriétés fertilisantes de l'engrais. On comprend facilement pourquoi un pareil noir peut convenir alors aux céréales et surtout au sarrasin qui, ne végétant que pendant quelques mois, demande un engrais immédiatement assimilable.

Les noirs grenus ne donnent pas lieu à de semblables réactions, car, traités également par l'eau bouillante, ils n'abandonnent que de petites quantités de phosphate. Cela tient à ce que la fermentation ne peut pas s'établir dans la masse, faute d'agent fermentescible.

Il faut bien admettre que, dans les noirs de raffinerie, ce sont les acides provenant de la fermentation du sucre qui déterminent en grande partie la solubilité du phosphate de chaux, puisque, si l'on mélange 300 kilog. de phosphate de chaux bien divisé avec 75 kilog. de sang desséché, on n'obtient pas les mêmes résultats que si l'on se sert de 5 hectolitres de bon noir, dans lequel on trouve les mêmes proportions de phosphate et d'azote que dans le mélange.

Le sarrasin est une plante qui a besoin, plus que toute autre, de phosphate de chaux et d'azote ; aussi est-il facile de s'expliquer pourquoi la plus grande partie du noir de raffinerie est employée pour sa culture.

Le noir de raffinerie produit encore de bons effets sur les crucifères et surtout sur les choux, les navets, les rutabagas, le colza, la navette et la moutarde. Il peut aussi être utilisé avec avantage dans la culture des vesces, des pois gris, et être répandu

sur les trèfle, luzerne, lupuline en végétation. Il
favorise aussi, d'une manière spéciale, la croissance
des légumineuses.

Quand on a peu de fumier à sa disposition, il est
bon de compléter la fumure par du noir de raffinerie. De cette façon, on importe de la matière organique azotée et du phosphate de chaux. C'est un
mélange qui donne de très bons résultats.

Les noirs ne constituent pas un engrais complet ;
aussi, leur emploi doit-il aller de pair avec celui des
fumiers. Si dans un sol on n'employait que du noir
comme engrais, il arriverait un moment où, certains
éléments n'étant plus en rapport, les plantes ne
végéteraient que d'une manière imparfaite ; c'est
pour cela qu'il faut l'employer alternativement avec
les fumiers, parce que ces derniers apportent au
sol, non-seulement beaucoup de sels alcalins, mais
encore beaucoup de matière organique, substance
indispensable pour que l'efficacité du phosphate se
manifeste. Enfin, je n'ai pas besoin de m'appesantir
sur l'importance du noir animal, car il suffit de rap-
peler que les landes de Grand-Jouan, défrichées
par notre vénéré maître, M. Rieffel, ont été trans-
formées à l'aide de ce précieux engrais.

Le noir animal ne convient pas à toutes les terres ; on ne doit l'employer que sur les terres humides, les sols argilo-siliceux, silico-argileux, grani-
tiques et schisteux.

Quant à la quantité à employer par hectare, elle
s'élève, lorsqu'il s'agit de résidus purs de raffinerie,
de 400 à 500 kilos. Mais malheureusement cet
engrais, qui produit des effets merveilleux en Bretagne, a subi, de la part du commerce, de nombreuses falsifications. On le mélange à une infinité
de corps étrangers, et notamment avec de la tourbe,
de la chaux, et des scories de hauts-fourneaux.
Pris dans les raffineries, le noir coûte de 14 à 18 fr.
l'hectolitre de 95 kilogr. Malgré ce prix élevé, je
connais des commerçants qui le livrent à 10 et 12 fr.
l'hectolitre aux agriculteurs, et qui prélèvent un

bénéfice considérable. Il faut donc, pour arriver à ce résultat, que MM. les marchands d'engrais soient très experts en matière de fraude. Il est bien fâcheux pour l'agriculteur qu'il en soit ainsi, car avec de pareils engrais, il perd son temps et son argent. Aussi, quand on veut se procurer un bon noir, faut-il s'adresser directement au raffineur.

Du phosphate de chaux à l'état de noir animal.

L'utilité des phosphates est aussi manifeste que le soleil qui nous éclaire. Nous savons tous que, non-seulement le squelette des animaux en est presque entièrement formé, mais nous savons aussi que les différentes parties de leur organisme en contiennent des quantités notables. D'où vient ce phosphate ? La réponse est facile, surtout si nous ne considérons, pour plus de simplicité, que les animaux herbivores. Il est évident que ce phosphate ne peut provenir que des plantes qui les nourrissent, et, comme celles-ci le puisent dans le sol, il est clair que les terres qui sont cultivées doivent en renfermer en plus ou moins grande quantité.

Puisque, d'après de nombreuses analyses, les plantes, et notamment les graines de céréales, contiennent du phosphate de chaux, il résulte de là qu'au bout d'un temps plus ou moins long les cultures en appauvrissent le sol.

Dans 1,000 kilog. de blé nous avons environ 11 kilog. d'acide phosphorique, qui correspondent à 24 kilog. de chaux. Si cette quantité de blé était consommée sur le lieu de sa production, il arriverait que le phosphate de chaux reviendrait au sol, et qu'ainsi ce dernier serait dans le même état qu'auparavant ; mais il n'en est pas ainsi. Une partie des produits est portée et vendue au marché. Les fourrages eux-mêmes, en passant à travers le corps des animaux, ne reviennent pas complétement dans le fumier, puisque, sous la forme de viande et de lait, il y a une certaine quantité qui est exportée.

La terre qui est cultivée abandonne beaucoup plus de principe à l'eau pluviale que la terre inculte. Il est facile de se rendre compte de ce fait. Pendant la saison des pluies, l'eau qui passe sur les terres richement cultivées est toujours trouble, tandis que celle qui passe sur une terre inculte est toujours claire et limpide. Par conséquent, nouvel appauvrissement de phosphate de chaux.

Puisque, d'après les causes que je viens de citer, la déperdition des phosphates se produit dans chaque ferme, il est indispensable que l'agriculteur prenne tous les moyens pour réparer cette perte, sans quoi il arrivera un moment (éloigné peut-être, mais inévitable) où, le phosphate de chaux n'étant plus en relation avec les autres éléments qui constituent le sol, la culture économique sera de toute impossibilité.

Pour qu'une plante puisse prendre tout son développement, il faut que le sol contienne tous les éléments nécessaires à sa nutrition. Si l'un de ces derniers vient à faire défaut, ou du moins à ne plus se trouver en rapport avec les autres principes, la plante ne se développe pas d'une manière normale.

Certains agriculteurs ont émis, sur l'emploi du phosphate de chaux comme agent de fertilisation, des opinions bien diverses. Les uns ont trouvé qu'il agissait avec efficacité, d'autres, au contraire, ont prétendu qu'il était sans action. D'où vient cette controverse ? Mais, malheureusement, des faibles connaissances des expérimentateurs. Si ces derniers avaient connu l'analyse de leur sol, ils auraient vu que, là où il existe des phosphates en quantité notable, l'action du phosphate importé est nulle, et que, là au contraire où le sol est dépourvu de chaux, ce dernier, par son apport, donne lieu à de très beaux résultats.

Le phosphate de chaux est un des sels les plus indispensables pour la formation de la graine des céréales, car il est bien admis aujourd'hui qu'il favorise d'une manière remarquable la production du gluten, qui est de la fibrine végétale.

La majeure partie des expériences faites en agriculture sont si contradictoires qu'il faut les prendre avec beaucoup de circonspection. On nous donne le résultat sans nous indiquer la composition physique et chimique du sol, sans nous parler des conditions culturales et climatériques, qui cependant sont indispensables pour arriver à une conclusion. Aussi, à part les travaux de quelques agriculteurs sérieux et consciencieux, nous ne devons avoir qu'une confiance limitée pour la plupart des expériences. Lorsque chaque agriculteur possédera la vraie science agricole, il pourra étudier le sol qu'il cultive, et alors les expériences qu'il y fera pourront donner lieu à des résultats concluants.

Mais si, d'après ce que nous venons de voir, le phosphate est indispensable aux plantes, on peut se demander si les os des animaux peuvent remplacer celui qui est enlevé par les cultures. Non certainement ; ce phosphate naturel est une bien faible fraction de celui qui est enlevé ; aussi faut-il en trouver de nouvelles sources, afin d'éviter la stérilité dont le sol serait tôt ou tard frappé. Mais, Dieu merci, nous n'avons plus rien à craindre, puisque la France possède des gisements de phosphate les plus considérables qui soient au monde et qu'il est indispensable d'étudier d'une manière particulière.

Du phosphate de chaux fossile ou des nodules phosphatés.

C'est à M. Demolon que sont dues la vulgarisation et l'application des nodules phosphatés. Aussi les agriculteurs doivent-ils être reconnaissants envers un homme qui a mis l'agriculture à l'abri du manque de phosphate de chaux.

Tous les géologues ne sont pas d'accord sur la formation de ces nodules. D'après le plus grand nombre, ils proviennent de la décomposition de détritus d'animaux.

Beaucoup de personnes ne font pas de distinction entre les coprolithes et les pseudo-coprolithes. Les premiers sont de véritables excréments fossiles contenant du phosphate de chaux. D'après M. Buckland, ces excréments offrent l'apparence de cailloux allongés ou de pommes de terre réniformes ; leur longueur est ordinairement de 2 à 4 pouces, et leur diamètre de 1 à 2. Ils sont plus ou moins petits, selon les animaux dont ils proviennent. Leur couleur ordinaire est d'un gris foncé, et souvent ils contiennent des écailles et des os de poisson ; voici l'analyse de ces coprolithes :

Eau	8,00
Matière organique........	3,00
Silice	9,00
Phosphate de chaux......	77,70
Carbonate de chaux......	2,30
	100,00

Quant aux pseudo-coprolithes que l'on rencontre dans le terrain crétacé inférieur, ils proviennent, comme je l'ai dit déjà, de détritus d'animaux. D'après les géologues, cette action se serait produite sous l'influence de l'acide carbonique et d'autres dissolvants analogues. Alors ces phosphates dissous, étant à l'état d'acide, ont été entraînés par des courants divers, et, rencontrant sur leur passage des amas calcaires, il s'est produit une précipitation de phosphate basique, parce qu'une partie de l'acide phosphorique s'est combinée à la chaux. Ce phosphate de chaux ainsi précipité a été entraîné par les eaux et a formé ces amas considérables de nodules que l'on trouve dans un grand nombre de nos départements, et principalement dans les Ardennes, où ils sont exploités sur une grande échelle. Il est facile, d'après cela, de s'expliquer pourquoi il affecte la forme de matières roulées.

Voici, d'après M. Bobierre, la composition moyenne de ces pseudo-coprolithes :

	N° 1.	N° 2.
Eau et mat. organ. quelque peu azotée...	7,200	9,210
Chlorure de sodium et sulfate de soude..	Traces.	Traces.
Carbonate de chaux....................	18,814	5,176
— de magnésie....................	0,855	2,016
Sulfate de chaux....................	Traces.	1,161
Phosphate de chaux....................	51,018	45,815
— de magnésie....................	Traces.	Traces.
— de fer....................	8,902	12,416
— d'alumine....................	2,700	6,387
Oxyde de manganèse....................	0,057	2,267
Fluorure de calcium	3,161	2,688
Alumine, oxyde de fer, silice, perte........	7,293	14,804
	100,000	100,000

Quant à l'azote, il est de 25 à 37 dix-millièmes.

Ces nodules, une fois pulvérisés, possèdent une grande facilité d'absorption. On a reconnu, d'après de nombreuses expériences, qu'ils sont faiblement attaqués par l'acide acétique lorsqu'ils viennent d'être pulvérisés, et qu'au contraire, lorsqu'ils ont été soumis à l'action de l'air pendant un certain temps, ils sont alors facilement attaqués.

Outre l'acide acétique, il existe une infinité de dissolvants qui agissent de la même façon, parmi lesquels se trouvent le chlorure de sodium, les carbonates et oxalates alcalins, les sels ammoniacaux et surtout l'acide carbonique, qui tous font passer à l'état soluble les phosphates insolubles.

Les nodules contiennent du phosphate de protoxyde de fer, qui, au bout d'un certain temps, se transforme, au contact de l'air, en phosphate de peroxyde de fer. L'effet de cette suroxydation, en déterminant un mouvement moléculaire dans la masse, augmente la porosité des nodules, ce qui leur permet d'être plus facilement attaqués, et, par là, plus assimilables.

Emploi des nodules phosphatés.

Quant à leur emploi, il varie suivant les terrains. Dans les sols riches en matière organique, dans ceux qui viennent d'être défrichés, les nodules peuvent être employés seuls et pulvérisés. Là, ils sont facilement attaqués par l'acide carbonique provenant de l'humus. En outre, ce dernier, en se décomposant, rend libres des matières minérales, lesquelles, par leur état particulier, sont facilement absorbées par les racines et assimilées par les plantes.

Le sol de Grand-Jouan se trouve dans ces conditions, car, d'après l'analyse que j'en ai faite, la quantité de matière organique soluble dans l'eau est très considérable.

Les nodules ne doivent jamais être associés à la chaux, car voici ce qui se passe : La chaux, en saturant les acides du sol, empêche ces derniers de dissoudre le phosphate, qui alors ne produit aucun effet. Il ressort de là que, dans une terre calcaire, ces nodules phosphatés ne produiront que peu ou point d'action, car le carbonate de chaux saturera toujours les acides qui pourraient servir de dissolvants.

C'est pour cela que les terres qui conviennent le mieux aux phosphates sont les terres nouvellement défrichées, les terres schisto-granitiques, schisto-argileuses, argilo-granitiques, et toutes non calcaires. A part les terres où les nodules peuvent être employés seuls, il est indispensable de les mélanger avec des engrais riches en matières organiques, tels que sang, déjections, chair, et notamment avec le fumier. La grande question, c'est de produire une fermentation dans la masse. Alors, sous l'influence de l'acide carbonique et des sels solubles d'ammoniaque, de chaux, de potasse, de soude, de magnésie, etc., ces nodules sont attaqués et le phosphate est dissous.

Non-seulement le phosphate de chaux peut être dissous et passer directement dans l'organisme de la plante, mais il peut subir des modifications, en donnant lieu à de doubles décompositions. La molécule d'acide phosphorique est très mobile, et, suivant des causes multiples, elle peut facilement

abandonner la chaux pour se combiner aux carbonates alcalins et alcalino-terreux. La formule suivante rend compte de la réaction :

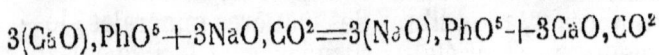

$$3(CaO), PhO^5 + 3NaO, CO^2 = 3(NaO), PhO^5 + 3CaO, CO^2$$

On voit donc, d'après cela, que le phosphate de
chaux, en présence du carbonate de soude, peut
donner lieu à du phosphate de soude et à du carbonate de chaux.

L'acide phosphorique peut encore s'unir à de
l'oxyde de fer ; et la preuve, c'est que souvent,
dans un sol où l'on a placé du phosphate de chaux,
on trouve, au bout d'un certain temps, du phosphate de sesquioxyde de fer, sel qui faisait complétement défaut avant l'introduction du phosphate.

Quoique le phosphate de sesquioxyde de fer soit
peu soluble, il peut abandonner lui aussi son acide
phosphorique et s'unir également aux carbonates
alcalins et alcalino-terreux.

D'après de nombreuses expériences, ce phosphate de sesquioxyde de fer abandonne, avec beaucoup plus de facilité, sa molécule d'acide phosphorique que le phosphate de protoxyde de fer. On
comprend alors que les nodules exposés à l'air depuis longtemps se prêtent mieux à cette double décomposition, puisque le phosphate de protoxyde de
fer, qui existe au moment de leur extraction, se
transforme, comme je l'ai déjà dit, en phosphate de
peroxyde. Enfin, suivant certaines circonstances,
l'acide phosphorique peut se porter alternativement
de l'oxyde de fer à la chaux, et de cette dernière à
l'oxyde de fer.

Le silicate de chaux, le silicate double de chaux
et de soude, les silicates alcalins, etc., agissent de
la même façon sur le phosphate de fer que les
carbonates alcalins et alcalino-terreux. Dans les
terres neuves, pauvres, sur défrichement, on peut
employer 600 kilogr. de phosphate fossile à l'hectare, sans avoir besoin de le mélanger à du fumier.

Si, au contraire, on a affaire à des terres cultivées depuis longtemps, c'est alors qu'il faut l'incorporer à l'engrais de ferme, dans les proportions suivantes : 80 kilogr. de phosphate fossile pour 2,000 kil. de fumier.

Le mélange du phosphate fossile et du fumier peut se faire de plusieurs manières.

Lorsque le fumier est employé à la sortie des étables, le bouvier ou le vacher peuvent, chaque matin, répandre du phosphate pulvérisé sur les déjections des animaux avant de placer la litière ; de cette façon, l'incorporation est facile, parfaite et ne demande que peu d'instants.

Si, au contraire, le fumier est employé longtemps après sa sortie des étables, on fait des strates alternatives de fumier et de phosphate.

Dans cette dernière pratique surtout, le phosphate, se trouvant en contact pendant un temps plus considérable avec le fumier, est attaqué facilement et promptement par les produits de la fermentation, parmi lesquels se trouvent de l'acide carbonique, de l'ammoniaque, du carbonate d'ammoniaque. En même temps, les sels minéraux, qui étaient fixés dans la litière avant la fermentation, deviennent libres, et peuvent, tout en agissant sur le phosphate, concourir à la formation du végétal. Il existe, dans le fumier, un produit découvert par Thénard, qui, lui aussi, possède la propriété d'attaquer notablement le phosphate. Je veux parler de l'acide fumique.

Après plusieurs expériences, j'ai trouvé que cet acide, mis en contact avec du phosphate de chaux des os, en dissolvait environ 19 pour 100.

On voit donc, d'après ce que nous venons d'examiner, que les causes de dissolution et de transformation des phosphates sont tellement multiples, qu'il faudra encore bien longtemps pour connaître, d'une manière exacte, toutes les réactions qui se produisent dans ce grand laboratoire qu'on appelle la terre.

Outre les différents modes d'emploi du phosphate de chaux fossile dont je viens de parler, on a préconisé, depuis un certain temps, le superphosphate de chaux, qui n'est autre chose que du phosphate acide de chaux ($Ph\ O^5$, Ca O, 2 H O), obtenu en traitant soit les os, soit les nodules par l'acide sulfurique.

Voici sur quoi repose ce principe : le phosphate de chaux tribasique ($Ph\ O^5$, 3 Ca O), tel qu'il se rencontre dans les os ou dans les coprolithes, est beaucoup moins soluble dans une eau chargée d'acide carbonique que lorsqu'il a subi une transformation moléculaire, c'est-à-dire, lorsqu'il est très divisé, qu'il est à l'état gélatineux. C'est pour arriver à ce résultat que l'on emploie l'acide sulfurique. Ce dernier s'empare d'une partie de la chaux de l'acide phosphorique et le transforme en phosphate acide de chaux, qui est très soluble dans l'eau ordinaire, tandis que, avant le traitement, le phosphate de chaux qui est à l'état tribasique, est insoluble dans l'eau.

Ce phosphate acide de chaux, qui est alors en dissolution, ne passe pas directement dans le végétal, car les racines de ce dernier seraient brûlées, purement et simplement. Arrivé dans le sol, il rencontre des bases qui, en le neutralisant, le font passer, à l'état insoluble dans l'eau, à l'état gélatineux. Il redevient alors phosphate tribasique ; mais à cet état, excessivement divisé, il peut, sous l'influence de causes très faibles, se dissoudre et subir toutes les décompositions que les engrais éprouvent dans le sol et dont le résultat définitif est de les rendre assimilables par les végétaux sous des formes nouvelles. Pour obtenir le phosphate acide de chaux, voici comment on doit opérer : on prend simplement un tonneau dans lequel on met 100 kilog. de nodules en poudre ; on ajoute ensuite 28 kilog. d'eau et l'on mélange parfaitement le tout. Enfin on verse progressivement 28 kilog. d'acide sulfurique sur la masse, en ayant soin d'a-

giter constamment. Il se produit une vive effer-
vescence due à l'acide carbonique qui se dégage du
carbonate de chaux, toujours associé au phosphate
de chaux.

Voici la réaction, tout en ne tenant compte que de
l'action de l'acide sulfurique sur le phosphate de
chaux :

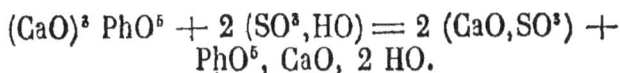

$$(CaO)^3 \ PhO^5 + 2 \ (SO^3, HO) = 2 \ (CaO, SO^3) + PhO^5, \ CaO, \ 2 \ HO.$$

D'après l'équation, on voit qu'il y a formation de
sulfate de chaux et de phosphate acide de chaux,
composés qui sont bien ceux dont j'ai parlé précé-
demment.

Quand on juge que la réaction est terminée, on
place le tout sur une aire abritée, et l'on fait subir
au mélange différentes manipulations. Quelques
agriculteurs se contentent de le faire sécher et l'em-
ploient directement, tandis que d'autres l'incorpo-
rent à de la terre sèche ou l'associent à des matières animales et des sels ammoniacaux.

Quoi qu'il en soit, c'est un engrais qui ne s'est
pas bien répandu en France, et cela pour plusieurs
raisons. D'abord le prix en est fort élevé, puisque
l'acide phosphorique, sous la forme de phosphate
acide de chaux, est d'un prix double de celui qui
existe à l'état insoluble dans les nodules. D'un autre côté, comme une grande partie de nos terres
sont calcaires, l'introduction de ce phosphate acide
de chaux est encore un grand obstacle.

En Angleterre, depuis longtemps il est employé
avec succès ; mais là, les conditions sont complétement différentes de celles qui existent en France.
Non-seulement la nature du sol n'est plus la même,
mais les pseudo-coprolithes que l'on y trouve sont
si peu abondants, qu'il est important d'employer
tous les moyens possibles pour obtenir la plus
grande somme de phosphate assimilable.

Il est vrai de dire que les agriculteurs anglais se
servent peu de pseudo-coprolithes. C'est surtout

avec des os qu'ils préparent leur superphosphate.
Mais ces os, devenant de plus en plus rares,
ne sont qu'une faible fraction de ceux qu'ils peuvent employer. Aussi sont-ils obligés d'avoir re-
cours à l'apatite que l'on trouve en Saxe, en
Bohême, en Norvége et en Espagne.

De l'apatite.

L'apatite, suivant sa couleur, porte différents
noms ; ainsi celle qui porte le nom de phosphorite
est une variété blanche et terreuse. Son nom lui
vient de ce que sa poussière embrasée devient
phosphorescente.

L'apatite que l'on trouve dans l'Estramadure est
presque entièrement constituée par de la chaux
phosphatée unie à un peu de chlorure de calcium.
Voici sa formule : $3(CaO),PhO^5+CaCl$. C'est une
substance fort dure, presque inattaquable par les
agents atmosphériques, tandis que l'acide sulfurique, au contraire, l'attaque profondément.

La quantité de phosphate de chaux contenue
dans l'apatite varie de 80 à 93 pour 100. On voit
donc, d'après cela, que sous l'influence de l'acide
sulfurique, on peut mettre en liberté une quantité
considérable de phosphate de chaux assimilable.

Les amas d'apatite, que l'on trouve dans les différentes contrées, sont tellement abondants, que les
gisements ne seront jamais épuisés, en sorte que
l'agriculture n'a rien à craindre de ce côté-là.

Aperçus généraux sur la constitution des terrains des environs de Nozay.

Comme le phosphate de chaux a joué et joue
encore un grand rôle dans l'agriculture des environs
de Nozay, j'ai cru utile d'indiquer la constitution
du terrain de ce canton.

Le sol du canton de Nozay se trouve classé dans

le terrain silurien, qui est une subdivision du terrain de transition. Un schiste phyllade est la roche dominante. On y trouve des grès ferrifères ou psammites ferrifères possédant plus ou moins de cohésion, et enfin des amas plus ou moins considérables de quartz laiteux, cristallisé en géode, mélangé de chlorite, et pénétré par de l'oxyde et de la pyrite de fer. Tout me porte à croire que cet oxyde, qui est de l'hématite, provient de l'oxydation du sulfure de fer. Il est probable que lorsque ce quartz était en fusion, il a été pénétré par ce sulfure de fer. Sous l'influence du refroidissement, une partie de ce dernier s'est volatisée, tandis que l'autre a subi une oxydation qui a donné lieu à de l'oxyde de fer. En même temps, il s'est produit des gaz qui ont formé des vides représentant actuellement des géodes, dont les parois sont constituées par des cristaux de quartz coloré en rouge par de l'oxyde de fer.

Une chose digne de remarque, c'est que l'irruption du quartz qui nous occupe s'est produite postérieurement à la formation du schiste, car on trouve dans la roche des parties de ce dernier dont la texture a été tellement modifiée par le quartz, qu'il faut admettre qu'un métamorphisme s'est produit en donnant au schiste des caractères complétement différents de ceux qui existent de nos jours, ou qui devaient exister à cette époque.

Entre le bourg de Nozay et celui de Puceul, on découvre l'amphibolite schistoïde, qui est un silicate d'alumine de chaux et de magnésie. A un quart de lieu N.-O. de Nozay, on trouve au village de Gatine du granit à gros grains d'une décomposition assez facile. Ce plateau granitique, placé au milieu des phyllades qu'il surmonte, paraît se prolonger jusqu'au-dessus du village de Boyenne, commune de Vay. Dans cette dernière, on rencontre aussi du jaspe, susceptible d'un beau poli. Enfin, au sud de Nozay, on trouve encore du quartz passant au silex corné, et affectant diverses colorations.

Comme le schiste est la roche dominante, on pourrait croire que, par sa désagrégation et sa décomposition, le sol serait compacte et argileux. Il n'en est rien cependant. Mais cela demande une explication.

Les terrains argileux sont formés par la décomposition sur place des roches feldspathiques, ou par l'effet des eaux, qui, en transportant à des distances considérables les détritus, en ont ainsi constitué le sol. Mais le produit de la décomposition de ce feldspath, suivant qu'il est plus ou moins pur, porte le nom de kaolin ou d'argile, fait pâte avec l'eau, donne lieu à un sol compacte, imperméable et difficile à travailler. Il n'en est pas de même dans la décomposition du schiste, car ce dernier désagrégé, ne fait pâte avec l'eau que d'une manière très faible.

Pour moi, il est avéré que, à une époque qu'il est impossible de préciser, le sol était beaucoup plus accidenté qu'à l'époque actuelle ; mais, sous la puissante action des eaux, les roches constituantes qui formaient les collines ont été en partie désagrégées, mélangées transportées au loin, et ont ainsi comblé les vallées. Aussi le pays est-il aujourd'hui presque complétement plat.

On trouve dans le canton quatre sortes de terrains parfaitement caractérisés :

1º Des terrains formés en place par la décomposition des schistes offrant un aspect bleuâtre ;

2º Des terrains formés en place par la décomposition des psammites offrant un aspect jaunâtre dû à l'oxyde de fer, qui s'y trouve toujours en plus ou moins grande quantité ;

3º Des terrains formés par des sables siliceux entraînés par les eaux ; ce qui le prouve, c'est que l'on y trouve, à des profondeurs différentes, des fragments de schiste non encore décomposés ;

4º Des terrains formés par les détritus provenant de la décomposition des schistes et des grés, mais mélangés et transportés par les eaux.

Eh bien, une grande partie du sol de Grand-Jouan appartient à cette quatrième classe, et, comme on pourra le voir d'après l'analyse que j'en ai faite, l'hydrosilicate d'alumine y entre en proportion notable.

Le mélange de ces roches a donné lieu à un sous-sol stérile et imperméable. Cette imperméabilité n'est pas due tant à l'argile qu'au sable fin impalpable, qui s'y rencontre tellement agglutiné, que son action est analogue à celle des terrains argileux. Tout me prouve que ce sol a été formé comme je viens de l'indiquer, car on y rencontre des fragments de schiste et de grès non encore désagrégés, accompagnés de cailloux roulés, de quartz laiteux, qui ne peuvent se trouver là que parce que les eaux les y ont charriés.

Le sol primitif de Grand-Jouan (il en existe encore quelques parties) est presque partout d'une composition et d'une disposition uniformes. La couche supérieure, qui a une profondeur de 25 centimètres, est constituée par une terre fine contenant une grande quantité de matière organique plus ou moins divisée, provenant en partie des racines et des radicelles de bruyère et d'ajonc qui croissent encore aujourd'hui à la surface. Au-dessous de cette couche, on trouve parfaitement défini un lit de cailloux roulés, d'une épaisseur de 10 à 15 centimètres, reposant immédiatement sur la couche imperméable, dans laquelle on rencontre également des cailloux roulés intercalés sans ordre dans la masse. Ce sous-sol imperméable contient fort peu de matière organique. Tel qu'on le rencontre, il est complétement stérile.

L'analyse suivante, que j'ai faite, indique les différents éléments qui constituent le sol et le sous-sol.

Analyse mécanique.

	Sol à 0ᵐ 25 de profondeur.	Sol à 0ᵐ 40 de profondeur.
Subst. solub. dans l'eau..	0,38 p. 100	0,19 p. 100
Terres fines................	60,24 —	67,35 —
Sable siliceux............	39,38 —	32,46 —
Total........	100,00	100,00

Analyse chimique. — Substances solubles dans l'eau.

Dans les substances solubles dans l'eau, j'ai trouvé beaucoup de matière organique (78 pour 100 dans le sol), de chlorures de potassium et de sodium, du sulfate de chaux, de l'oxyde de fer et de la silice. Quant au carbonate de chaux, il est en si faible quantité, qu'il est à peine appréciable.

Parties solubles dans les acides.

	Sol.	Sous-sol.
Matières organiques. ..	5,50	1,20
Potasse..................	0,72	0,65
Soude....................	0,08	0,11
Alumine..................	1,79	2,85
Fer......................	2,76	3,15
Silice...................	0,65	0,71
Carbonate de chaux.....	Traces	Traces
Hydrosilicate d'alumine.	88,50	91,33
Totaux..........	100,00	100,00

Quoique la quantité de matière organique dans la couche supérieure soit considérable, puisqu'elle s'élève à 5,50 pour 100, elle ne produit que des effets peu remarquables, parce que d'abord elle est très peu azotée, et qu'ensuite elle donne lieu à l'acide humique, qui est nuisible aux racines. Ce n'est que sous l'influence du phosphate de chaux que son action se fait sentir d'une manière toute particulière.

Si le phosphate de chaux produit des effets merveilleux, cela est dû à l'acide humique, et surtout à l'acide carbonique, qui s'y trouve en notable proportion. Ces corps agissent sur le phosphate, le dissolvent, le préparent et le mettent ainsi à la disposition des racines.

Chose digne de remarque, c'est qué cette matière organique disparaît très rapidement à mesure que les labours se multiplient. Cela n'est pas étonnant, car elle se trouve dans un état de division tel, que l'oxygène de l'air agit sur elle avec beaucoup d'énergie et détermine une combustion lente, dont le résultat final est la production d'acide carbonique. Une partie du phosphate de chaux passe dans le végétal, mais il y en a une autre fraction qui subit une décomposition. L'acide phosphorique se porte, soit sur les sels alcalins, qui se trouvent dans le sol en notable proportion, pour former des phosphates alcalins, ou soit encore sur l'oxyde de fer, pour donner lieu à du phosphate de peroxyde de fer. Quant à la chaux, qui est mise en liberté, elle se combine rapidement avec l'acide carbonique, pour former du carbonate de chaux.

Ce dernier sature alors en partie les acides qui se trouvent en excès.

D'après cela, on voit que, par l'introduction du phosphate de chaux dans un sol tel que celui de Grand-Jouan, les plantes peuvent trouver les éléments nécessaires à leur accroissement, puisqu'elles y rencontrent de la silice, de la potasse, de la soude, des phosphates de chaux, de soude de potasse, du carbonate de chaux, de fer, etc. Sous l'influence des diverses réactions dont je viens de parler, l'azote de la matière organique peut, lui aussi, être mis en liberté et passer dans l'organisme de la plante, soit à l'état de nitrate ou d'ammoniaque.

Le phosphate de chaux n'agit qu'autant que le sol contient beaucoup de matière organique. C'est pour cela que, lorsqu'elle disparaît, il faut avoir soin de la remplacer par du fumier ou par des débris végétaux.

Le sol et le sous-sol de Grand-Jouan ont été formés par les mêmes éléments. Seulement, dans la partie supérieure, il a crû des végétaux qui se sont succédé en laissant leurs détritus.

Le sol, qui, dans le principe, devait être imperméable comme l'est aujourd'hui le sous-sol, s'est exhaussé tout en changeant de propriétés. Les plantes, par leurs racines, en ont divisé les différents éléments constitutifs. Ces racines, en abandonnant la vie, ont formé de l'humus. Ce dernier, intimement incorporé à la masse, a donné lieu à un sol d'aspect tourbeux, spongieux, léger, perméable et labourable presque en tout temps.

Au-dessous de cette couche, se trouve, comme je l'ai déjà dit, la partie imperméable, c'est-à-dire le sous-sol. C'est dans ce dernier, surtout, qu'il est indispensable de faire de profonds labours. Soumis aux influences atmosphériques, il se délite facilement. L'oxyde de fer, qui se trouve à l'état de protoxide, passe à l'état de peroxyde, augmente la porosité du sol et facilite ainsi la division des différents éléments constitutifs. Alors, au bout d'un temps plus ou moins long, la couche supérieure se trouve mélangée avec une partie de la couche inférieure, et l'on obtient un sol dont la composition physique, sans être du premier ordre, peut donner de très belles récoltes sous l'influence des engrais.

C'est ici le lieu de faire remarquer les services qu'a rendus l'école de Grand-Jouan par l'introduction, l'emploi et la vulgarisation des meilleurs instruments aratoires, sur cette nature de terrains, lesquels occupent une étendue si considérable en France. Les labours profonds, qui ont étonné d'abord, n'ont pas tardé à devenir populaires, et l'on a vu tous les cultivateurs de l'ancienne Bretagne abandonner peu à peu leur ancienne charrue pour un outillage nouveau.

On trouve dans le canton de Nozay des terres qui contiennent une quantité d'oxide de fer assez considérable. Comme nous l'avons déjà vu, certaines roches, et notamment le quartz cristallisé en géode, contiennent de l'hématite. Il n'est donc pas étonnant de trouver de l'oxide de fer dans les sols voisins. Mais il y a une chose digne de remarque, c'est que dans le canton de Nozay, tous les points qui sont un peu culminants sont ferrugineux et possèdent la propriété d'être plus fertiles que les parties encaissées.

Ce sol, qui est uniforme de composition, a une profondeur qui varie entre 25 centimètres et 1 mètre 50 c. Immédiatement au-dessous, se trouve, en certains endroits, du schiste en voie de décomposition, et dans d'autres parties, il conserve l'aspect feuilleté qui le caractérise. Tout me porte à croire que ces terrains sont formés en place par la décomposition des schistes ferrugineux, et, ce qui le prouve, c'est qu'on y rencontre des fragments de ces derniers qui, quoique pénétrés par l'oxide de fer, ne sont pas encore décomposés. Leur aspect est complétement rouge ; ils sont poreux et par conséquent légers.

La présence de cet oxide de fer ne doit pas paraître étonnante, car il provient lui aussi de l'oxidation du sulfure de fer.

Dans les carrières de schiste que l'on rencontre aux environs de Nozay, on trouve des filons de quartz plus ou moins bien cristallisé, disposés verticalement et qui varient en épaisseur de 3 à 15 centimètres. Les parois de ces filons sont tapissées très souvent par du sulfure de fer. Le quartz, qui est généralement coloré par de l'oxide de fer, affecte souvent une forme cristalline très définie.

Il est évident, pour moi, que s'il existe encore du sulfure de fer dans ces filons, c'est qu'il y en a eu une autre partie qui s'est transformée en oxide de fer.

Comme ces filons sont très nombreux et qu'ils
arrivent tous au point d'affleurement, il en résulte
que les schistes de la partie supérieure ont été pénétrés par l'élément ferrugineux. Cet oxide a fait
varier l'état moléculaire de la masse. Sous l'influence
de l'oxigène de l'air, il s'est produit une suroxida-
tion qui a eu pour effet d'augmenter la porosité de
la roche, laquelle, étant alors facilement divisée et
décomposée, a pu mettre en liberté des sels minéraux. Par leurs propriétés physiques, ces terrains
sont complétement différents de ceux qui sont formés par le transport des eaux. Ils s'échauffent beaucoup plus facilement, et leur perméabilité, qui est
très grande, provient non-seulement de ce que l'é-
coulement des eaux se fait parfaitement par suite
d'une inclinaison suffisante, mais encore de ce que
les éléments qui les constituent sont devenus perméables sous l'influence de l'oxidation.

Quant à leurs propriétés chimiques, elles sont
également bien différentes, et c'est encore l'oxide
de fer, comme je l'ai déjà dit, qui a fait subir des décompositions et des transformations dans les éléments minéraux des roches constituantes. En outre,
dans ces terrains ferrugineux, les engrais produisent beaucoup plus d'effet, parce que leur décomposition se fait d'une manière plus complète. Enfin
tout le monde sait que l'oxide de fer, de même que
l'argile, a la propriété de fixer l'ammoniaque dans
ses pores et de l'abandonner en temps voulu aux
racines des plantes.

Une chose qu'il est bon de signaler, c'est que les
terrains ferrugineux, étant plus colorés que les autres, absorbent plus facilement la chaleur, de sorte
que les plantes qui croissent dans un pareil sol, re-
cevant une somme plus considérable de rayons ca-
lorifiques, sont beaucoup plus précoces que celles
qui végètent dans les sols moins colorés.

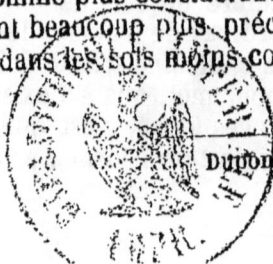

www.ingramcontent.com/pod-product-compliance
Lightning Source LLC
Chambersburg PA
CBHW032255210326
41520CB00048B/3942

9 782013 738682